AF579551

PRINCIPES
DE L'ANALYSE
INFINITÉSIMALE.

Du même auteur :

Discussion géométrique des équations du second degré à trois variables; in-4° . . . . 50 c.

Géométrie élémentaire, 2e édition, augmentée de la *Trigonométrie rectiligne et sphérique*; in-8°. . . . . . 6 fr.

Système d'Algèbre élémentaire; in-8° . . . . 7 fr.

Analyse infinitésimale (Calcul différentiel); in-8° . . . . 5 fr.

Sous presse.

Arithmétique à l'usage des candidats aux écoles spéciales.

PRINCIPES
DE L'ANALYSE
INFINITÉSIMALE,

PAR

P. J. E. FINCK,

PROFESSEUR DE MATHÉMATIQUES DANS LES COLLÉGES ROYAUX ET LES ÉCOLES ROYALES D'ARTILLERIE, EXAMINATEUR D'ADMISSION A L'ÉCOLE MILITAIRE ET A L'ÉCOLE FORESTIÈRE, EN 1840, DOCTEUR ÈS SCIENCES, ETC.

STRASBOURG,
CHEZ DERIVAUX, ÉDITEUR, RUE DES HALLEBARDES, 24.
PARIS,
CHEZ MATHIS, LIBRAIRE, QUAI MALAQUAIS, 15.
1841.

STRASBOURG, IMPRIMERIE DE G. SILBERMANN.

AVERTISSEMENT.

Cet opuscule contient la théorie complète des infiniment petits considérée comme base du calcul différentiel, du calcul intégral et de celui des variations. On y a joint 1° quelques exemples relatifs au calcul différentiel; 2° une digression sur les logarithmes des nombres négatifs; 3° les considérations qui rendent rigoureusement raison des applications géométriques du calcul intégral.

Les emprunts faits à d'autres auteurs seront facilement reconnus par les lecteurs attentifs.

PRINCIPES

DE

L'ANALYSE INFINITÉSIMALE.

CHAPITRE PREMIER.

LE CALCUL DIFFÉRENTIEL.

§ 1. *Théorie des infiniment petits.*

1. Une fonction d'une variable x est dite *continue* entre deux limites $x=a$, $x=b$, si elle est telle que pour chaque valeur de x, entre a et b, elle reçoit une ou plusieurs valeurs réelles et finies. La fonction est dite *discontinue* entre a et b, si une ou plusieurs valeurs de x comprises entre ces limites, la rendent infinie ou imaginaire.

Il y a des fonctions qui, pour chaque valeur de la variable, admettent elles-mêmes plusieurs déterminations : les radicaux, par exemple. Ces fonctions sont appelées multiples; mais rien n'empêche de considérer séparément ces différentes déterminations, c'est-à-dire de les séparer. C'est ainsi que $\sqrt{x+1}$ présente les deux déterminations $+\sqrt{x+1}$, $-\sqrt{x+1}$, que l'on peut regarder chacune comme une fonction non multiple.

2. Théorème. *Toutes les fois qu'une fonction* fx *est continue entre deux limites* $x=a$, $x=b$, *on peut, entre ces limites, faire varier* x *par degrés assez petits pour que* fx *varie par degrés aussi petits qu'on voudra.*

Si la fonction fx n'est pas indépendante de x, parmi les différentes valeurs qu'elle prendra depuis $x=a$, jusqu'à $x=b$, il y en aura une qui sera plus grande, et une autre qui sera plus petite que toutes les autres. Soit $x=m$ une valeur de x qui répond à la première, $x=n$ une valeur de x qui répond à la seconde; soit k une quantité comprise entre fm et fn; je dis qu'il y a entre m et n au moins une valeur de x qui rend

$$fx=k \text{ ou } fx-k=0. \quad (1)$$

Car on a $$fm>k \text{ et } fn<k$$

ou $$fm-k>0 \text{ et } fn-k<0.$$

Donc l'équation (1) a au moins une racine réelle comprise entre m et n *; par conséquent fx prendra successivement toutes les valeurs k, comprises entre fm et fn.

Cela posé soit $x=a'$ une valeur de x prise dans un intervalle où fx va constamment, soit en croissant, soit en décroissant; je dis que l'on peut attribuer à x une valeur $a'+i$ telle que $f(a'+i)$ et fa' diffèrent d'une quantité moindre qu'une quantité donnée δ, quelque petite qu'elle soit; car on peut supposer que $fa'+\delta$ est compris entre les valeurs extrêmes que prend fx dans l'intervalle qu'on a pris; il s'ensuit qu'il y a dans cet intervalle une valeur de x qui rend $fx=fa'+\delta$; soit b' cette valeur. Si de $x=b'$ à $x=a'$, fx va en diminuant, pour toutes ces valeurs de x, fx sera moindre que $fb'=fa'+\delta$ et plus grand que fa'; donc si $x=a+i$ est une de ces valeurs, $f(a'+i)-fa'$ sera $<\delta$. De même si fx va en augmentant de $x=b'$ à $x=a'$.

Donc etc.

3. Ici comme ailleurs, nous appellerons *infiniment petit* une grandeur indéterminée, qui peut être supposée aussi petite qu'on veut, par rapport aux données, sans que l'exactitude des raison-

* Dans mon *Algèbre* ce principe est établi pour toute espèce d'équation, algébrique ou non.

nements et calculs où elle entre, soit altérée. Le théorème précédent peut donc être énoncé sous la forme suivante :

Si dans une fonction continue dans un certain intervalle, la variable varie infiniment peu dans cet intervalle, la fonction varie de même infiniment peu.

4. Le calcul différentiel roule principalement sur les accroissements infiniment petits des variables et des fonctions. Nous désignerons ces accroissements par la caractéristique Δ; celui de la variable sera souvent représenté par i, de sorte que $\Delta x = i$. On a donc aussi $\Delta . fx = f(x+i) - fx$, et si $x=2$, on aura

$$\Delta . f2 = f(2+i) - f2.$$

5. On voit que Δfx serait nul si i l'était : en général tous les infiniment petits qui seraient nuls avec i, forment un *système* dont i est appelé la *base* (dénominations dues à M. Cauchy); comparée avec la base i, une grandeur réelle, comprise entre $+\infty$ et $-\infty$ peut présenter quatre cas : 1° Elle peut rester invariable pendant que i converge vers zéro; dans ce cas elle sera appelée grandeur *finie absolue;* 2° elle peut se rapprocher indéfiniment d'une limite finie absolue, si i marche vers zéro : telle est $4+i$, qui se rapproche du nombre 4; ces sortes de quantités seront simplement nommées *quantités finies;* 3° si une quantité devient de plus en plus petite avec i (quant aux modules) et s'annule avec i, nous sommes déjà convenus de l'appeler un infiniment petit; 4° si au contraire le module d'une quantité converge vers $+\infty$ à mesure que i va vers zéro, on dira que cette quantité est infinie. Telle est $\frac{1}{i}$.

6. Tout infiniment petit dont le rapport avec la base i est fini, est dit du *premier ordre;* en général, si le rapport d'un infiniment petit avec i^m est fini, cet infiniment petit est dit de l'ordre m, m étant positif, mais quelconque d'ailleurs. Ici nous distinguerons deux cas, selon que ce rapport est fini absolu, ou simplement fini : dans le premier cas l'infiniment petit en question sera appelé *infiniment petit absolu de l'ordre* m. Dans le second on supprime la dénomination d'*absolu.* C'est ainsi que $3i^2$ est un infiniment petit absolu du second ordre, tandis que $3i^2+i^3$ est simplement infiniment petit de ce même ordre.

Rien n'empêche de dire qu'une quantité finie est de *l'ordre zéro.*

Deux théorèmes principaux établissent les règles particulières au calcul des infiniment petits. On les trouvera ci-après sous les nos 8 et 33. (Nous continuerons de désigner la base par i, jusqu'à nouvel avis.)

7. THÉORÈME. *Si* α *est de l'ordre* m, α' *de l'ordre* m'; $\alpha\alpha'$ *sera de l'ordre* m+m', $\frac{\alpha}{\alpha'}$ *sera de l'ordre* m—m'.

Car 1° $\frac{\alpha\alpha'}{i^{m+m'}} = \frac{\alpha}{i^m} \times \frac{\alpha'}{i^{m'}}$, quantité finie, vu que $\frac{\alpha}{i^m}$, $\frac{\alpha'}{i^{m'}}$ sont finis (6).

2 $\frac{\alpha}{\alpha'} : i^{m-m'} = \frac{\alpha}{i^m} : \frac{\alpha'}{i^{m'}}$ est aussi fini; donc etc.

8. THÉORÈME. *Soit* A *un infiniment petit absolu de l'ordre* m, A' *un infiniment petit de l'ordre* m+m', (m' étant >0, comme m); *s'il est prouvé que* A+A'=0, *il s'ensuit que* A=0.

En effet, de l'équation A+A'=0, on déduit $\frac{A}{i^m} + \frac{A'}{i^m} = 0$, puis

$$\frac{A}{i^m} = -\frac{A'}{i^m} \qquad (1)$$

or A' étant de l'ordre $m+m'$, $\frac{A'}{i^m}$ sera de l'ordre m'; ainsi dans l'équation (1), si le premier membre n'est pas nul, il est fini, tandis que le second est infiniment petit; donc une même quantité serait à la fois finie et infiniment petite, ce qui est absurde. Donc enfin on a A=0 et A'=0.

Corollaire. Si A' était lui-même composé d'une quantité A_1, infiniment petite absolue de l'ordre $m+m'$, et d'un infiniment petit d'un ordre supérieur à celui-ci, on conclurait encore que $A_1=0$. Donc en général *si dans leur équation* K=0, K *se compose d'infiniment petits absolus de divers ordres combinés par addition, on peut conclure que cette équation se décomposera en autant d'autres qu'il y a de termes d'ordres différents, et on formera ces équations en égalant à zéro les infiniment petits absolus d'un même ordre.*

9. *Remarque* 1. Cette propriété n'est qu'un cas particulier de la loi générale des homogènes.

10. *Remarque* 2. En vertu du nº 8 on peut dans une équation entre infiniment petits, ne conserver que ceux de l'ordre le moins élevé, supprimer les autres soit à la fois, soit à mesure qu'on le jugera convenable, en se guidant d'après les théorèmes suivants.

11. Théorème. *Si α est de l'ordre* m, *α' de l'ordre* m+m', (m'>0), *je dis que α' peut toujours être supposé moindre que α, quant aux modules.*

Car le rapport $\frac{\alpha'}{\alpha}$ est de l'ordre m' (7); il est donc infiniment petit et le numérateur α' est moindre que α, en valeur absolue.

12. Théorème. *Si α est de l'ordre* m, *α^n sera de l'ordre* mn.

Car
$$\frac{\alpha^n}{i^{mn}} = \left(\frac{\alpha}{i^m}\right)^n.$$

Or $\frac{\alpha}{i^m}$ est fini; donc $\frac{\alpha^n}{i^{mn}}$ l'est. Donc etc.

13. Théorème. *Si α_1, α_2, ... α_n, sont infiniment petits,* n *fini, la somme $\alpha_1+\alpha_2+\ldots+\alpha_n$, est infiniment petite.*

Car pour rendre cette somme moindre qu'une quantité donnée δ, il suffit, de satisfaire aux inégalités suivantes, en ayant égard aux valeurs absolues :

$$(1) \qquad \alpha_1<\frac{\delta}{n},\ \alpha_2<\frac{\delta}{n},\ \ldots\ \alpha_n<\frac{\delta}{n}.$$

Or comme n est fini, et par suite ne dépasse pas un certain nombre donné k, que d'un autre côté α_1, $\alpha_2 \ldots \alpha_n$ peuvent s'approcher de zéro d'aussi près qu'on veut, il est évident qu'on pourra satisfaire aux inégalités (1), desquelles il résultera que

$$\alpha_1+\alpha_2+\ldots+\alpha_n<\delta.$$

14. *Remarque.* Si le nombre n croissait indéfiniment à mesure que α_1, α_2, ... α_n convergent vers zéro, on ne pourrait plus affirmer que les conditions $\alpha_1<\frac{\delta}{n}$, etc., sont possibles, vu que $\frac{\delta}{n}$

n'est plus une quantité donnée, mais bien une quantité qui dépend de α_1, α_2 .... α_n; et si, par exemple, la liaison entre n et α_1, α_2 .... α_n, est telle, que $\alpha_1 n$, $\alpha_2 n$ .... $\alpha_n n$ soient tous $>\delta$, en valeur absolue, nos inégalités seront impossibles. On ne peut donc pas affirmer en général que des *infiniment petits en nombre infini, donnent une somme infiniment petite.*

15. *Coroll.* Dans le cas où n est fini, si α_1 est l'infiniment petit de l'ordre le moins élevé et que m soit l'indice de cet ordre, la somme $\alpha_1+\alpha_2+....+\alpha_n$ sera de ce même ordre m. Car on a

$$\frac{\alpha_1+\alpha_2+....+\alpha_n}{i^m}=\frac{\alpha_1}{i^m}+\frac{\alpha_2}{i^m}+....+\frac{\alpha_n}{i^m}.$$

Dans le second membre de cette égalité le terme $\frac{\alpha_1}{i^m}$ est fini puisque α_1 est de l'ordre m; parmi les termes $\frac{\alpha_2}{i^m}$, etc. $\frac{\alpha_n}{i^m}$, il n'y en a aucun qui soit infini, vu que α_2 .... α_n, sont de l'ordre m ou d'ordres supérieurs; donc ce second membre se compose d'une partie finie et d'une partie infiniment petite; donc il est fini et la somme $\alpha_1+....+\alpha_n$ est de l'ordre m.

16. Théorème. *Toute série d'un nombre infini de termes ordonnés suivant les puissances croissantes d'un infiniment petit, puissances affectées de coefficients finis, est de l'ordre de son premier terme.*

Soit la série

$$S=A\alpha^m+A_1\alpha^{m+1}+.....$$

α étant infiniment petit; A, A_1, etc., étant finis.

Parmi les modules des coefficients A, A_1, etc., soit C le plus grand; on aura quant aux modules

$$S<C\alpha^m+C\alpha^{m+1}+......$$

$$\text{ou}\quad <C\alpha^m(1+\alpha+\alpha^2+....)$$

$$\text{ou}\quad <\frac{C\alpha^m}{1-\alpha}$$

Quantité de l'ordre de α^m.

17. *Coroll.* Donc toute série de cette espèce pourra être sup-

primée à côté d'un infiniment petit d'un ordre inférieur à celui du premier terme.

18. Théorème. *Soient* A_1, A_2, ... A_n, *des facteurs infiniment petits en nombre fini; si chaque facteur reçoit un accroissement d'un ordre supérieur au sien, le produit subira une variation d'un ordre supérieur au sien.*

Considérons d'abord 2 facteurs A_1, A_2; soient α_1, α_2 les accroissements qu'on leur attribue; celui du produit sera

$$(A_1+\alpha_1)(A_2+\alpha_2) - A_1A_2 = A_1\alpha_2 + A_2\alpha_1 + \alpha_1\alpha_2.$$

Or α_2 étant d'un ordre supérieur à celui de A_2, il en sera de même de $A_1\alpha_2$ par rapport à A_1A_2 (7). De même $A_2\alpha_1$; enfin $\alpha_1\alpha_2$ est aussi d'un ordre supérieur à celui de A_1A_2; donc la somme $A_1\alpha_2+A_2\alpha_1+\alpha_1\alpha_2$ est dans le même cas (13).

Supposons actuellement le théorème démontré pour le cas de $n-1$ facteurs A_1, ... A_{n-1}; il sera vrai pour les deux facteurs A_n et $(A_1....A_{n-1})$, c'est-à-dire pour le produit $A_1A_2....A_n$.

19. *Remarque.* Un des facteurs peut être de l'ordre zéro; plusieurs ou même tous peuvent être de cet ordre.

20. *Coroll.* Si dans un produit $k_1.k_2....k_n$ (n étant fini) les facteurs k_1, ... k_n, sont composés chacun de deux infiniment petits dont le premier soit absolu, et d'un ordre inférieur à celui du second, le produit sera composé d'une manière semblable, et pour y supprimer tous les infiniment petits excepté le premier, il suffit de faire cette suppression dans les facteurs.

21. Théorème. *Si dans la fraction* $\frac{A}{B}$, *chaque terme supposé infiniment petit reçoit un accroissement d'un ordre supérieur au sien, la fraction recevra aussi un accroissement d'un ordre supérieur au sien.*

Soient α, β les accroissements de A, B; celui de $\frac{A}{B}$ sera

$$\frac{A+\alpha}{B+\beta} - \frac{A}{B} = \frac{\alpha B - \beta A}{B(B+\beta)} = \frac{\alpha}{B+\beta} - \frac{A}{B}\cdot\frac{\beta}{B+\beta}$$

Or $\frac{\alpha}{B+\beta}$ est d'un ordre supérieur à celui de $\frac{A}{B}$, parce qu'il en est ainsi de α par rapport à A, et que B$+\beta$ est du même ordre que B (7). L'ordre de $\frac{\beta}{B+\beta}$ est >0, parce que β est d'un ordre supérieur à celui de B; il s'ensuit que l'ordre de $\frac{A}{B}\cdot\frac{\beta}{B+\beta}$ est aussi supérieur à celui de $\frac{A}{B}$ (7); donc enfin la variation de $\frac{A}{B}$ est dans le même cas.

22. *Coroll.* Si dans une fraction $\frac{K}{L}$ le numérateur se compose d'un infiniment petit absolu de l'ordre k, plus un infiniment petit d'un ordre supérieur; si de même le dénominateur se compose de deux infiniment petits, l'un absolu de l'ordre l, l'autre d'un ordre supérieur à l, la fraction se composera d'un infiniment petit absolu de l'ordre $k-l$, plus un infiniment petit d'un ordre plus élevé, et pour supprimer ce dernier il suffit de réduire K et L, aux ordres respectifs k et l.

23. THÉORÈME. *Si un infiniment petit* A *reçoit un accroissement d'un ordre plus élevé que le sien, il en sera de même de* $\sqrt[s]{A}$.

Soit α la variation de A; posons $\sqrt[s]{A}=a$, $\sqrt[s]{A+\alpha}=a'$

$$\text{et}\quad \sqrt[s]{A+\alpha}-\sqrt[s]{A}=a'-a=$$

$$=\frac{(a'-a)\left(a'^{s-1}+a.a'^{s-2}+\ldots.+a^{s-1}\right)}{a'^{s-1}+a\,a'^{s-2}+\ldots.+a^{s-1}}=\frac{a'^{s}-a^{s}}{a'^{s-1}+\ldots.+a^{s-1}}=$$

$$=\frac{\alpha}{a'^{s-1}+\ldots.+a^{s-1}}$$

Or soit m l'ordre de A, $m+n$ celui de α; l'ordre $\sqrt[s]{A}$ ou a sera $\frac{m}{s}$ (12); celui de $a'^{s-1}+\ldots.+a^{s-1}$ sera $(s-1)\frac{m}{s}$ .... (7), et enfin $\sqrt[s]{A+\alpha}-\sqrt[s]{A}$, sera de l'ordre $m+n-(s-1)\frac{m}{s}=n+\frac{m}{s}$, quantité $>\frac{m}{s}$, ordre de $\sqrt[s]{A}$.

24. *Coroll.* Si dans B^b, b est fini absolu positif, mais quelconque d'ailleurs, et que B se compose d'un infiniment petit absolu de l'ordre m, plus un infiniment petit d'un ordre plus élevé, il s'ensuit que B^b se composera d'un infiniment petit absolu de l'ordre mb, plus un infiniment petit d'un ordre plus élevé, et pour supprimer ce dernier, il suffit de réduire B à l'ordre m.

25. Théorème. *La corde, le sinus, la tangente, d'un arc infiniment petit, sont du même ordre que l'arc.*

Soit un arc infiniment petit α; la corde est $2\sin\frac{1}{2}\alpha$; mais $\frac{\sin\frac{1}{2}\alpha}{\frac{1}{2}\alpha}$ est fini; donc son égal $\frac{2\sin\frac{1}{2}\alpha}{\alpha}$, l'est; donc la corde est du même ordre que l'arc.

Le rapport $\frac{\sin\alpha}{\alpha}$ étant aussi fini, $\sin\alpha$ est du même ordre que α.

Enfin $\frac{tg\alpha}{\alpha}=\frac{\sin\alpha}{\alpha}\times\frac{1}{\cos\alpha}$, produit dont chaque facteur est fini; par suite $tg\alpha$ est du même ordre que α.

26. *Coroll.* Il s'ensuit que les différences $\alpha-\sin\alpha$, $\alpha-tg\alpha$, sont d'un ordre plus élevé que celui de l'arc; par suite si α est infiniment petit absolu, de l'ordre m, et qu'on veuille supprimer les infiniment petits des ordres supérieurs, on remplacera $\sin\alpha$ et $tg\alpha$ par α.

27. *Remarque.* La sécante d'un arc infiniment petit diffère infiniment peu du rayon, de même que le cosinus; la première en plus, le dernier en moins. La cosécante et la cotangente sont infinies.

28. Théorème. *Si un arc fini absolu* a, *qui n'est point un multiple du quadrant, reçoit un accroissement infiniment petit* α, *chacune des lignes trigonométriques de* a *recevra un accroissement de l'ordre de* α.

1° L'accroissement du sinus est

$$\sin(a+\alpha)-\sin a = 2\sin\frac{1}{2}\alpha\cos(a+\frac{1}{2}\alpha);$$

$2\cos(a+\frac{1}{2}\alpha)$ est fini; $\sin\frac{1}{2}\alpha$ est du même ordre que α; donc etc.

2° L'accroissement du cosinus est dans le même cas, vu que $\cos a=\sin(90-a)$.

Quant aux autres lignes, on a

$$tg\,a=\frac{\sin a}{\cos a},\ \cot a=\frac{\cos a}{\sin a},\ séc\,a=\frac{1}{\cos a};\ coséc\,a=\frac{1}{\sin a};$$

Comme aucun de ces dénominateurs n'est nul, il suit du n° 21 que la même propriété a lieu.

29. *Coroll.* Si un arc A se compose d'une partie finie absolue qui n'est pas un multiple du quadrant, et d'un infiniment petit, chacune de ses lignes trigonométriques contiendra une partie finie absolue plus un infiniment petit; pour supprimer ce dernier, il suffit de réduire l'arc à la partie finie absolue.

Il en sera encore de même : 1° de *sin*M, *cos*M, *tg*M, *séc*M, si la partie finie absolue de M est un multiple pair du quadrant; 2° de *sin*M, *cos*M, *cot*M, *coséc*M, si cette partie est un multiple impair du quadrant.

30. Si a est fini, α infiniment petit, il est prouvé (v. *l'Alg.*) que a^α diffère infiniment peu de l'unité, de sorte que $a^\alpha=1+$ infiniment petit.

31. Théorème. *Si dans* log k, a^k, k *supposé fini reçoit un accroissement infiniment petit, il en sera de même de* log k, a^k; a *étant fini absolu ainsi que la base des logarithmes.*

Soit α l'accroissement de k; on a

$$\log(k+\alpha)-\log k=\log\left(1+\frac{\alpha}{k}\right)$$

Mais α étant infiniment petit, $\frac{\alpha}{k}$ l'est ainsi que $log\left(1+\frac{\alpha}{k}\right)$; car le $log\, x$ est continu de $x=0$ à $x=\infty$; il est d'ailleurs nul pour $x=1$.

Pour a^k on a

$$a^{k+\alpha}-a^k=a^k(a^\alpha-1).$$

Or, a^k est fini; $a^\alpha-1$ est infiniment petit (30): donc etc.

32. *Coroll.* Si dans logM, a^{M}, où la base du logarithme et celle de l'exponentielle sont finies absolues, M se compose d'une partie finie absolue augmentée d'un infiniment petit, il en sera de même de logM et de a^M, et pour supprimer les infiniment petits dans ces deux dernières quantités, il suffit de le faire dans M.

33. Théorème. *Si une grandeur finie* A *est divisée en* n *parties infiniment petites de l'ordre* k, *et si à chacune de ces parties il répond une grandeur de l'ordre* m+k, *la somme de ces grandeurs supposées de même signe sera de l'ordre* m.

Soient $a_1, a_2, \ldots a_n$ les parties de A, de sorte que $A=a_1+a_2\ldots+a_n$; Soient $\alpha_1, \alpha_2, \ldots \alpha_n$ les grandeurs qui répondent à ces parties; posons $\frac{\alpha_1}{a_1}=r_1$, $\frac{\alpha_2}{a_2}=r_2$, ... $\frac{\alpha_n}{a_n}=r_n$; les quantités r_1, r_2, ... r_n seront de l'ordre m (7). Soit r une quantité de ce même ordre plus grande que chacune d'elles; on aura,

$$\frac{\alpha_1}{a_1}<r,\ \frac{\alpha_2}{a_2}<r\ldots\ \frac{\alpha_n}{a_n}<r$$

d'où
$$\alpha_1+\alpha_2+\ldots+\alpha_n<(a_1+a_2+\ldots+a_n)r,$$
$$<Ar;$$

comme A est fini, Ar est de l'ordre m.

De même si s est une quantité de l'ordre m, moindre que chacune des grandeurs r_1, r_2, ... r_n, on aura

$$\alpha_1+\alpha_2+\ldots+\alpha_n>As \text{ qui est de l'ordre } m.$$

Donc la somme $\alpha_1+\ldots+\alpha_n$ est de l'ordre m.

34. *Coroll.* 1. Si A était infiniment petit de l'ordre $u<k$, la somme $\alpha_1+\ldots$ serait de l'ordre $m+u$.

35. *Coroll.* 2. Si une ligne de longueur finie est divisée en parties infiniment petites du premier ordre, et qu'à chaque division

il réponde une grandeur, ligne, aire ou volume du second ordre, la somme de ces grandeurs sera infiniment petite, et pourra se supprimer à côté des quantités finies.

36. *Coroll.* 3. Si une aire finie est divisée en parties infiniment petites du second ordre, et qu'à chaque division il réponde une grandeur infiniment petite du troisième ordre, ligne, aire ou volume, la somme de ces grandeurs sera infiniment petite et pourra se supprimer à côté des grandeurs finies.

37. *Remarque générale.* Les suppressions dont il a été question au n° 10 s'effectueront facilement au moyen de ce qui précède; ainsi que nous l'avons dit, il n'est pas nécessaire qu'elles se fassent toutes simultanément; mais les équations ne seront exactes que lorsqu'elles seront homogènes, c'est à-dire lorsque tous leurs termes seront du même ordre. Ainsi dans ce genre de calcul il peut arriver que l'on passe par des formules qui ne sont pas rigoureuses; mais les résultats *homogènes* ont une rigueur absolue.

§ 2. *Propriété fondamentale du rapport des différences* $\frac{f(x+i)-fx}{i}$.

38. Théorème. *Si* fx *n'est pas indépendant de* x; *si de plus cette fonction est continue entre deux limites* $x=a$, $x=A$; *pour toute valeur de* x *prise entre* a *et* A, *le rapport* $f(x+i)-fx$ *se décompose en deux parties dont la première finie absolue en général, n'est nulle ou infinie que pour des valeurs isolées de* x, *tandis que la seconde est en général infiniment petite.* (Théorème d'Ampère, complété.)

Puisque la fonction fx dépend de x et qu'elle est continue de a à A, l'intervalle $A-a$ peut être divisé en plusieurs autres, dans chacun desquels cette fonction est constamment ou croissante ou décroissante; supposons que l'un de ces intervalles commence à a et finisse à a'. Si dans cet intervalle partiel le rapport $\frac{\Delta fx}{\Delta x}$ devient infini, cela ne saurait provenir de ce que le numérateur devient infini; car fx est fini de même que $f(x+i)$, entre a et A, par conséquent entre a et a'. Par suite si ce rapport est infini, pour quelque valeur de x, c'est que pour cette valeur, la différence $f(x+i)-fx$ qui est infiniment petite, est d'un ordre inférieur au premier, qui est celui de i.— C'est ce qui a lieu, par exemple, pour la fonction $fx=x^{\frac{1}{2}}$, et la valeur $x=0$; car $f(x+i)-fx=(x+i)^{\frac{1}{2}}-x^{\frac{1}{2}}$ et pour $x=0$, cette différence se réduit à $i^{\frac{1}{2}}$, d'où $\frac{\Delta fx}{\Delta x}=\frac{i^{\frac{1}{2}}}{i}=\frac{1}{i^{\frac{1}{2}}}$ quantité infinie.

De même si $\frac{\Delta fx}{\Delta x}$ devient infiniment petit, cela ne peut provenir que de ce que Δfx est d'un ordre supérieur au premier, comme dans $fx=x^3$, ou $\Delta fx=(x+i)^3-x^3$, quantité qui est du troisième ordre si $x=0$.

Or on va prouver que si ces cas se présentent dans l'intervalle $a'-a$, cela ne peut arriver que pour des valeurs de x séparées les unes des autres par des intervalles finis, dans toute l'étendue desquels $\frac{\Delta fx}{\Delta x}$ sera fini (déf. 5).

Remarquons que x variant d'une manière continue depuis a jusqu'à a', il est impossible que $\frac{\Delta fx}{\Delta x}$ passe immédiatement d'une valeur infiniment petite à une valeur infiniment grande sans passer par des valeurs intermédiaires. Car si ce rapport devient infiniment petit pour une valeur $x=b$, et que la valeur la plus rapprochée de b qui le rend infini soit b', il est évident que b' ne saurait se confondre avec b, vu que $\frac{\Delta fx}{\Delta x}$ ne saurait être à la fois infiniment petit et infiniment grand pour une même valeur de x; donc b diffère de b', et entre ces valeurs de x on peut en trouver une infinité d'autres pour lesquelles $\frac{\Delta fx}{\Delta x}$ ne sera pas infini.

Il suit de là que l'intervalle $a'-a$ peut se diviser en un nombre déterminé d'autres intervalles tels, que dans les uns $\frac{\Delta fx}{\Delta x}$ ne sera pas infini, et que dans les autres il ne sera pas infiniment petit.

Or je dis que dans aucun de ces intervalles $\frac{\Delta fx}{\Delta x}$ ne saurait être constamment infiniment petit, ou constamment infini.

En effet, soit $a_n - a_0$ un pareil intervalle; divisons-le en n parties égales à i; posons $a_1 = a_0 + i$, $a_2 = a_1 + i$, etc., $a_n = a_{n-1} + i$; faisons de plus

$$\frac{fa_1 - fa_0}{i} = p_1$$

$$\frac{fa_2 - fa_1}{i} = p_2$$

$$\vdots$$

$$\frac{fa_n - fa_{n-1}}{i} = p_n$$

Les valeurs $p_1, p_2, \ldots p_n$, sont de même signe puisque fx est croissant ou décroissant de a à a', et par suite de a_0 à a_n; d'ailleurs les égalités ci-dessus, ajoutées entre elles, donnent

$$\frac{fa_n - fa_0}{i} = p_1 + p_2 + \ldots + p_n.$$

Divisant par n, et remarquant que $ni = a_n - a_0$, on a

$$\frac{fa_n - fa_0}{a_n - a_0} = \frac{p_1 + p_2 + \ldots + p_n}{n}$$

fa_n, fa_0, a_n, a_0 sont finis absolus; le premier membre de cette équation est donc fini, et le second le sera aussi. De là on conclut qu'il est impossible que toutes les quantités $p_1, p_2 \ldots p_n$, valeurs de $\frac{\Delta fx}{\Delta x}$, soient infiniment petites, car leur moyenne, qui est égale au premier membre, le serait aussi. Il est donc impossible que de a_0 à a_n, $\frac{\Delta fx}{\Delta x}$ soit constamment infiniment petit. Donc, si dans cet intervalle ce rapport a plus d'une valeur infiniment petite, ces valeurs sont séparées par des intervalles dans toute l'étendue desquels il est fini. Même raisonnement quant aux valeurs infiniment grandes. Par suite ce n'est que pour des valeurs isolées de x que $\frac{\Delta fx}{\Delta x}$ est infiniment petit ou infiniment grand. Donc en général $\frac{\Delta fx}{\Delta x}$ est fini, et s'il n'est pas fini absolu, il sera la somme de deux parties, l'une finie absolue, l'autre infiniment petite.

39. *Remarque.* Si fx était infiniment petit, $\frac{\Delta fx}{\Delta x}$ le serait aussi, en général.

40. C'est la partie finie absolue du rapport des différences que l'on nomme *dérivée* ou *coefficient différentiel* de la fonction; en posant

$$y=fx,$$

on est convenu de représenter la dérivée sous les deux formes

$$f'x, \text{ et } \frac{dy}{dx}.$$

Dans la seconde, dx est une arbitraire; dy est le produit de cette arbitraire par la dérivée.

Si l'on suppose $dx=i$, dy sera une partie de la différence Δy ou $f(x+i)-fx$, savoir celle qui est du premier ordre. Car puisque

$$\frac{\Delta y}{\Delta x}=f'x+\text{ infiniment petit.}$$

On a $\quad \Delta y=if'x+i\times$ infiniment petit;

de sorte que Δy se compose de deux parties, l'une du premier ordre, l'autre d'un ordre supérieur. C'est de là que dy a pris le nom de *différentielle,* et $\frac{dy}{dx}$ celui de coefficient différentiel.

§ 3. *Applications.*

41. $y=x^m$. Il y a quatre cas :

1° m entier positif....

$$\frac{\Delta y}{\Delta x}=\frac{(x+i)^m-x^m}{i}=mx^{m-1}+\frac{m(m-1)}{2}ix^{m-2}+....+i^{m-1}$$

$$=mx^{m-1}+\text{ infiniment petit;} \qquad (\text{n}^\circ\ 13)$$

donc $\quad \frac{dy}{dx}=mx^{m-1}$

2° m entier et <0; soit $m=-n$.

$$\frac{\Delta y}{\Delta x}=\frac{(x+i)^{-n}-x^{-n}}{i}=-\frac{1}{i}\times\frac{(x+i)^{n}-x^{n}}{(x+i)^{n}x^{n}}=-\frac{nx^{n-1}+inf.\,p.}{x^{2n}+inf.\,p.}$$

[(n° 20)

$$=-\frac{nx^{n-1}}{x^{2n}}+inf.\,p. \qquad \text{(n° 22)}.$$

Donc $\frac{dy}{dx}=-nx^{-n-1}=mx^{m-1}$.

3° m fractionnaire quelconque; soit $m=\frac{r}{s}$, r et s entiers, $s>0$.

$$\frac{\Delta y}{\Delta x}=\frac{(x+i)^{\frac{r}{s}}-x^{\frac{r}{s}}}{i}$$

Or il résulte des deux premiers cas, que l'on a, en général, $(x+i)^{r}-x^{r}=rx^{r-1}i+\alpha$, α étant un infiniment petit d'ordre supérieur;

d'où $(x+i)^{\frac{r}{s}}=\sqrt[s]{x^{r}+rx^{r-1}i+\alpha}$.

Mais pour extraire cette racine au premier ordre près, on peut faire abstraction de α; car il est prouvé n° 23 que l'erreur commise sur $\sqrt[s]{x^{r}+rx^{r-1}i}$, est de l'ordre $n+\frac{0}{s}$, n étant l'ordre de α.

D'ailleurs $\sqrt[s]{x^{r}+rx^{r-1}i}=x^{\frac{r}{s}}+\frac{r}{s}\,x^{\frac{r}{s}-1}r+$ etc.

Le reste de l'extraction, $x^{r}+rx^{r-1}i-\left(x^{\frac{r}{s}}+\frac{r}{s}\,x^{\frac{r}{s}-1}i\right)^{s}$ étant du second ordre, on peut encore en faire abstraction; donc

$$\frac{\Delta y}{\Delta x}=\frac{r}{s}\,x^{\frac{r}{s}-1}+\text{infiniment petit}$$

$$\frac{dy}{dx}=\frac{r}{s}\,x^{\frac{r}{s}-1}=mx^{m-1}.$$

4° m est incommensurable. Soit $m=k+u$, k étant commensurable, u infiniment petit. On a $x^{m}=x^{k}\times x^{u}$; d'ailleurs $x^{u}=1+$ un infiniment petit que je nomme φx (n° 30).

De là $\quad \Delta y=(x+i)^k(1+\varphi(x+i))-x^k(1+\varphi x)$

$$=(x+i)^k-x^k+(x+i)^k\varphi(x+i)-x^k\varphi x$$

ou posant $x^k\varphi x=\Psi x$ qui sera aussi infiniment petit,

$$\frac{\Delta y}{\Delta x}=\frac{(x+i)^k-x^k}{i}+\frac{\Psi(x+i)-\Psi x}{i}$$

$$=kx^{k-1}+\text{inf. pet.; car } \frac{\Psi(x+i)-\Psi x}{i} \text{ est inf. pet. (39).}$$

ou $\dfrac{\Delta y}{\Delta x}=mx^{m-1}+$ inf. pet. vu que m diffère infiniment peu de k.

Donc encore $\dfrac{dy}{dx}=mx^{m-1}$.

42. On démontrera facilement que

1° La différentielle de la somme de plusieurs fonctions est égale à la somme des différentielles de ces fonctions.

2° La différentielle d'un produit est égale à la somme des produits qu'on obtient en multipliant la différentielle de chaque facteur par le produit des autres facteurs.

3° La différentielle d'une fraction est égale à la différentielle du numérateur multipliée par le dénominateur, moins la différentielle du dénominateur multipliée par le numérateur, le tout divisé par le carré du dénominateur.

43. Théorème des fonctions de fonctions :

Soit y=Fx *une fonction qu'on sait différentier;* z=fy *une autre fonction qu'on sait aussi différentier en regardant* y *comme la variable indépendante; si l'on exprime* z *en fonction de* x, *la dérivée de* z *par rapport à* x *est égale à* f'y×F'x.

Il y a ici à considérer : 1° la différentielle de z par rapport à x; nommant dx une arbitraire, posant $f(\text{F}x)=\varphi x$, on a pour cette différentielle $dz=\varphi'x.dx$. 2° La différentielle de z par rapport à y; je la nomme $d'z$; dy étant une arbitraire, on a $d'z=f'y.dy$. 3° La différentielle de y par rapport à x; $d'x$ étant une troisième arbitraire, cette différentielle que je nomme $d'y$, sera $d'y=\text{F}'x.d'x$; de là

$$\varphi'x=\frac{dz}{dx},\ \text{F}'x=\frac{d'y}{d'x},\ f'y=\frac{d'z}{dy},$$ et l'équation à prouver

est $$\frac{dz}{dx}=\frac{d'z}{dy}\times\frac{d'y}{d'x}$$

Or, attribuons à x un accroissement arbitraire infiniment petit $i=\Delta x$; soient Δy, Δz les accroissements correspondants de y et z; on a identiquement

$$\frac{\Delta z}{\Delta x}=\frac{\Delta z}{\Delta y}\cdot\frac{\Delta y}{\Delta x} \qquad (1)$$

Or $\dfrac{\Delta z}{\Delta x}$ se décompose en $\dfrac{dz}{dx}$ + infiniment petit.

Dans le second membre Δz peut être regardé comme l'accroissement que prend z lorsque y devient $y+\Delta y$; donc $\dfrac{\Delta z}{\Delta y}=\dfrac{d'z}{dy}$ + infiniment petit; enfin $\dfrac{\Delta y}{\Delta x}=\dfrac{d'y}{d'x}$ + infiniment petit. Donc l'équation (1) donne (nos 10 et 20)

$$\frac{dz}{dx}=\frac{d'z}{dy}\cdot\frac{d'y}{d'x} \text{ ce qui était à prouver.}$$

Rien n'empêche de supposer $d'y=dy$, $d'x=dx$, d'où il résulte que $d'z=dz$.

44. Théorème. *Le rapport des différences d'une fonction simple, ne peut se décomposer que d'une manière en deux parties, l'une finie absolue, l'autre infiniment petite.*

En effet soient φx, $\varphi_1 x$ deux quantités finies absolues; α, α_1, deux infiniment petits.

Admettons qu'on ait

$$\frac{\Delta y}{\Delta x}=\varphi x+\alpha=\varphi_1 x+\alpha.$$

En vertu du n° 10, on aura $\varphi x=\varphi_1 x$, $\alpha=\alpha_1$.

45. *Remarque générale.* Dans tout ce qui a été dit depuis le n° 38, il est entendu, ainsi qu'on l'a fait observer dans ce même n° 38, que les valeurs de x se rapportent à un intervalle où la fonction qu'on différentie est continue. De plus dans la relation

$$\frac{\Delta y}{\Delta x}=\frac{dy}{dx}+\alpha$$

le terme α n'est infiniment petit que si $\dfrac{dy}{dx}$ est fini; car si cette quantité était infinie, tandis que $\frac{\Delta y}{\Delta x}$ est supposé fini, α serait aussi infini.

46. Je n'insisterai pas sur les différentielles des ordres supérieurs; je me contenterai de faire remarquer en général que $\frac{d^n y}{dx^n}$ étant finie, si dx est identique avec la base i des infiniment petits, $d^n y$ est infiniment petit de l'ordre n.

Je ne m'arrêterai pas non plus à démontrer la série de TAYLOR; la manière la plus simple de l'établir est celle de M. CAUCHY.

Les différentielles du sinus et du cosinus peuvent s'établir comme on le voit dans mon *calcul différentiel*, ou ailleurs. Mais je reprendrai la différentielle de a^x.

47. On a $$\frac{\Delta a^x}{\Delta x} = \frac{a^{x+i} - a^x}{i} = a^x . \frac{a^i - 1}{i}$$

Posons $a = 1 + b$, d'où, par la série de LAGRANGE *

$$a^i = (1+b)^i = 1 + ib + ... + \frac{i^{n/-1}}{1^{n/1}} b^n + \frac{i^{n+1/-1}}{1^{n+1/1}} b^{n+1}(1+\vartheta b)^{i-n-1}$$

ϑ étant > 0 et < 1.

Représentons par s_k la somme des produits k à k des nombres $1, 2, ... n-1$; s'_k *id* pour $1, 2, ... n$.

Nous avons
$$\frac{i^{n/-1}}{1^{n/1}} = \frac{i(i-1)....(i-n+1)}{1^{n/1}}$$

$$= i . \frac{i^{n-1} - s_1 i^{n-2} + s_2 i^{n-3} - .... + (-1)^{n-2} . s_{n-2} i + (-1)^{n-1} . s_{n-1}}{1^{n/1}}$$

Mais $s_{n-1} = 1.2 .... (n-1)$ et $1^{n/1} = 1.2 .... (n-1)n$.

Donc $$\frac{i^{n/-1}}{1^{n/1}} = i . \frac{i^{n-1} - .... + (-1)^{n-2} s_{n-2} i}{1^{n/1}} + \frac{(-1)^{n-1}}{n} . i$$

De même $$\frac{i^{n+1/-1}}{1^{n+1/1}} = i . \frac{i^n - .... + (-1)^{n-1} s'_{n-1} i}{1^{n+1/1}} + \frac{(-1)^n}{n+1} . i$$

* On sait que $i^{n/-1}$ est la factorielle $i(i-1) ... (i-n+1)$ (voyez l'*Algèbre*).

D'après cela

$$(1)\quad \frac{a^i-1}{i}=b\,....+\frac{b^n(-1)^{n-1}}{n}+\frac{(-1)^n b^{n+1}(1+\vartheta b)^{i-n-1}}{n+1}$$

$$+...+\frac{i^{n-1}-...+(-1)^{n-2}s_{n-2}\,i}{1^{n/1}}.b^n+\frac{i^n-..+(-1)^{n-1}s'_{n-1}\,i}{1^{n+1/1}}.b^{n+1}$$
$$(1+\vartheta b)^{i-n-1};$$

i étant infiniment petit le numérateur de chacune de ces deux dernières fractions est moindre que le double du module de son dernier terme; car le terme du premier ordre est plus grand que la somme des autres. Les deux derniers termes de $\frac{a^i-1}{i}$ forment donc une somme moindre que

$$\frac{2is_{n-2}}{1^{n/1}}\,b^n+\frac{2is'_{n-1}}{1^{n+1/1}}.b^{n+1}(1+\vartheta b)^{i-n-1}$$

Le plus grand terme de s_{n-2} est $2.3\,...\,(n-1)$; le nombre de ces termes est $n-1$; donc $s_{n-2}<2.3\,....\,(n-1)^2<1^{n/1}$
de même s'_{n-1} $<1^{n+1/1}$

Ainsi dans (1) la partie qui est affectée du facteur i, est moindre que $...+2ib'^n+2ib'^{n+1}(1+\vartheta b)^{i-n-1}$, b' étant le module de b.

Les deux premiers termes du développement de $(1+b)^i$ n'ont rien produit pour cette somme, qui est ainsi :

$$(2)\qquad <2i[b'^2+b'^3+...+b'^n+b'^{n+1}(1+\vartheta b)^{i-n-1}]$$

Mais $\quad b'^{n+1}(1+\vartheta b)^{i-n-1}=\left(\frac{b'}{1+\vartheta b}\right)^{n+1}(1+\vartheta b)^i$

Le facteur $(1+\vartheta b)^i$ diffère infiniment peu de 1. Comme $\vartheta<1$, si l'on suppose b compris entre $+\frac{1}{2}$ et $-\frac{1}{2}$, $1+\vartheta b$ sera $>\frac{1}{2}$, et $\frac{b'}{1+\vartheta b}$ sera <1. Donc à mesure que n augmente le terme ci-dessus se rapproche de 0, et (2) aura pour valeur, celle de la série

$$2i(b'^2+b'^3+....)=\frac{2ib'^2}{1-b'},\ \text{ce qui est infiniment petit.}$$

Ainsi, n étant supposé infiniment grand, on a

$$\frac{a^i-1}{i}=b-\frac{b^2}{2}+\frac{b^3}{3}-\ldots+\frac{(-1)^{n-1}b^n}{n}+$$

$$\frac{(-1)^n}{n}\left(\frac{b}{1+\vartheta b}\right)^{n+1}(1+\vartheta b)^i+\text{infiniment petit.}$$

Mais le terme $\frac{(-1)^n}{n}.\left(\frac{b}{1+b\vartheta}\right)^{n+1}(1+\vartheta b)^i$ est infiniment petit; par suite $\frac{a^i-1}{i}$ diffère infiniment peu de la limite de la somme des termes

$$b-\frac{b^2}{2}+\frac{b^3}{3}-\frac{b^4}{4}+\ldots.$$

nommant k cette limite, on a donc

$$(3)\qquad \frac{d.a^x}{d^x}=ka^x$$

a étant compris entre $1-\frac{1}{2}$ et $1+\frac{1}{2}$.

A ce point on reconnaitra 1° que k est le logarithme népérien de a; 2° que l'équation (3) a lieu pour toute valeur positive de a; 3° que $\frac{d.Log\,x}{dx}=\frac{Le}{x}$, e étant la base népérienne.

48. Un mot sur les logarithmes des nombres négatifs.

Dans la formule $e^{x\sqrt{-1}}=\cos x+\sqrt{-1}.\sin x$ (1)
on pose $x=2m\pi$, m étant entier; il vient

$$(2)\qquad e^{2m\pi\sqrt{-1}}=1$$

De cette équation on a conclu que, dans le système dont la base est e, l'unité a pour *logarithme* l'expression $2m\pi\sqrt{-1}$, quel que soit le nombre entier m. Il est clair que le mot *logarithme* n'a pas ici l'acception algébrique ordinaire; car si x est réel on a une idée très-nette de e^x, tandis qu'une puissance à exposant imaginaire ne saurait être qu'un symbole de convention. L'équation (1) elle-même n'a un sens que comme exprimant sous forme abrégée certaines relations.

Il en est de même de l'équation (2) qui donne

$$1=1+2m\pi\sqrt{-1}-\frac{2^2m^2\pi^2}{2}-\frac{2^3m^3\pi^3.\sqrt{-1}}{2.3}+\frac{2^4m^4\pi^4}{2.3.4}\cdots$$

et se décompose dans les deux suivantes

$$0=\frac{2^2m^2\pi^2}{2}-\frac{2^4m^4\pi^4}{2.3.4}+\frac{2^6m^6\pi^6}{2.3.4.5.6}\cdots\cdot$$

$$0=2m\pi-\frac{2^3m^3\pi^3}{2.3}+\frac{2^5m^5\pi^5}{2.3.4.5}-\text{etc.}\ldots.$$

$$\text{ou }0=1-\frac{(2m\pi)^2}{3.4}+\frac{(2m\pi)^4}{3.4.5.6}-\ldots..$$

$$0=1-\frac{(2m\pi)^2}{2.3}+\frac{(2m\pi)^4}{2.3.4.5}-\text{etc.}\ldots.$$

Posant dans l'équation (1), $x=(2n+1)\pi\sqrt{-1}$, on obtient

$$e^{(2n+1)\pi\sqrt{-1}}=-1$$

d'où l'on a conclu que -1 a une infinité de logarithmes *tous imaginaires.*

Mais pour être en droit de regarder cette conclusion comme rigoureuse, il faudrait 1° donner une définition bien nette de ce qu'on entend *en général* par le logarithme d'un symbole négatif; 2° prouver en partant de là que -1 n'a pas d'autres logarithmes que $(2n+1)\pi\sqrt{-1}$. Or c'est ce qui n'a pas été fait.

Je le répète, la formule (1) qui sert ici de point de départ n'est rien moins qu'une relation d'une vérité absolue. Elle est déduite du développement de e^x qui est prouvé pour des valeurs réelles de x, et ne saurait l'être pour des valeurs imaginaires; les conséquences qu'on peut en déduire doivent donc être vérifiées par d'autres voies, si on veut qu'elles soient rigoureuses. Que si par logarithme d'un nombre négatif $-a^2$, on entend une expression de la forme $\alpha+\beta\sqrt{-1}$, propre à vérifier l'équation $e^x=-a^2$, je dis que le logarithme de $-a^2$ est le même que celui de $+a^2$. Car on a $e^{\frac{1}{2}}=-\sqrt{e}$; soit $a^2:(+\sqrt{e})=k$ d'où $a^2=k\times\sqrt{e}$, et soit $k=e^r$; on aura

$$e^{\frac{1}{2}}\times e^r=-\sqrt{e}\times k=-a^2=e^{\frac{1}{2}+r}.$$

Ainsi l'équation $e^x = -a^x$

est satisfaite par $x = \frac{1}{2} + r.$

Voilà des conséquences immédiates de la définition de $log(-a^x)$ et des règles du calcul des symboles négatifs, règles que j'ai établies en toute rigueur dans mon Algèbre.

Il y a plus : on peut retrouver *arithmétiquement* les logarithmes des nombres négatifs; car ces derniers nombres se présentent tout aussi bien que les nombres absolus, dans la progression géométrique qui répond à la progression arithmétique des logarithmes.

49. Dans une équation à deux variables, $f(x, y) = 0$, y est une fonction de x; si donc on considère un intervalle où y est continu, il est certain 1° qu'à un accroissement infiniment petit $\Delta x = i$, attribué à x, répondra un accroissement infiniment petit Δy, de y; 2° que le rapport $\frac{\Delta y}{\Delta x}$ se décompose en deux parties dont l'une est généralement finie, et l'autre infiniment petite. La première de ces parties est le $\frac{dy}{dx}$; pour la trouver, il faut considérer l'équation

$$f(x+\Delta x, y+\Delta y) = 0.$$

et comme Δx, Δy sont infiniment petits du premier ordre nous supprimerons les termes d'ordres plus élevés.

Or $f(x+\Delta x, y) = f(x, y) + \Delta y \frac{df(x, y)}{dx}$ au premier ordre près; puis

$$0 = f(x+\Delta x, y+\Delta y) = f(x, y+\Delta y) + \frac{\Delta x . d. f(x, y+\Delta y)}{dx}.$$

Or $\frac{d.f(x, y)}{dx}$ est une fonction de y, qui varie infiniment peu, si y varie de même; donc au premier ordre près, le dernier terme de l'équation précédente est égal à $\Delta x \frac{d.f(x, y)}{dx}$; on a donc

$$0 = f(x, y) + \Delta y \frac{d.f(x, y)}{dy} + \Delta x \frac{d.f(x, y)}{dx}$$

et comme $f(x, y) = 0$, on aura

$$0 = \Delta y \frac{d.f(x,y)}{dy} + \Delta x \frac{d.f(x,y)}{dx}$$

Mais cette équation n'est pas encore exacte; car Δy n'est pas un infiniment petit absolu du premier ordre (n° 37); $\Delta y = \frac{dy}{dx} . \Delta x +$ infiniment petit d'ordre supérieur; il faut donc remplacer Δy par $\frac{dy}{dx} . \Delta x$, et l'on aura l'équation rigoureuse

$$\frac{dy}{dx} . \frac{df}{dy} + \frac{df}{dx} = 0$$

ou

$$\frac{df}{dy} . dy + \frac{df}{dx} . dx = 0.$$

On établira d'une manière analogue les équations différentielles des ordres supérieurs. (Voyez les *Traités de calcul différentiel.*)

§ 5. *Fonctions de plusieurs variables indépendantes.*

50. Si l'on a une fonction de plusieurs variables indépendantes $x, y, u, t....$, soit z cette fonction

$$z = F(x, y, u, t, ...)$$

on pourra faire varier séparément chacune des quantités $x, y, u, t.....$, ce qui introduit dans le calcul autant de systèmes d'infiniment petits différents; on pourra établir entre les bases de ces systèmes telle relation ou dépendance qu'on voudra. Si l'on suppose que ces bases soient de même ordre, on arrivera aux différentielles totales, sinon on sera conduit aux différentielles partielles.

CHAPITRE II.

CALCUL INTÉGRAL.

§ 1. Notions fondamentales.

51. Théorème. *Soit* fx *une fonction continue entre les limites* a *et* A > a; *soit divisé l'intervalle* A — a *en parties infiniment petites égales à* dx, *et au nombre de* n; *si l'on pose*

$$a+dx=a_1,\ a_1+dx=a_2,\ \text{etc. ....}\ a_{n-1}+dx=A,$$

je dis que la somme
$fa_1dx+fa_1.dx+fa_2.dx+...+fa_{n-1}.dx$, (que je nommerai S) *se décomposera généralement en deux parties, l'une finie absolue, l'autre infiniment petite.*

Supposons que dans l'intervalle $A-a$, la fonction fx soit constamment ou croissante, ou décroissante; supposons la de plus positive. La moyenne de $fa+fa_1+fa_2+....+fa_{n-1}$ est supérieure à la plus petite valeur de fx de a à A, et inférieure à la plus grande, et comme fx, qui est continue entre a et A, peut prendre toutes les valeurs comprises entre ces deux valeurs extrêmes, on peut représenter cette moyenne par fu, u étant compris entre a et A; de là

$$fa+fa_1+....+fa_{n-1}=n.fu$$

puis

$$S=ndx.fu=(A-a)fu$$

ce qui prouve d'abord que S est fini.

Cela posé, je dis que si n augmente indéfiniment. $(A-a)fu$ ne variera que infiniment peu.

En effet, supposons que fx soit croissant de a à A, et divisons chacun des n intervalles partiels dx, en n' parties égales à $\frac{dx}{n'}$; la somme des valeurs de $fx\times\frac{dx}{n'}$ qui répondent à ce premier intervalle sera

$$\left\{fa.+f\left(a+\frac{dx}{n'}\right)+f\left(a+\frac{2dx}{n'}\right)+....+f\left(a+\frac{n'-1}{n'}.dx\right)\right\}\frac{dx}{n'}$$

Or, cette somme est égale au produit de dx par la moyenne des quantités qui sont entre les accolades, moyenne qui diffère infiniment peu de fa, et qu'on peut, par suite, représenter par $fa+\alpha$, α étant infiniment petit; de sorte que la somme des valeurs de $fx.\frac{dx}{n'}$ dans ce premier intervalle est $dx\,(fa+\alpha)$: de même dans le second intervalle partiel, on aura

$$dx(fa_1+\alpha_1).....;$$

Ainsi la somme totale de toutes les valeurs de $fx.\frac{dx}{n'}$ sera

$$dx(fa+fa_1+....+fa_{n-1})+(\alpha+\alpha_1+....+\alpha_{n-1})dx$$
$$=\mathrm{S}+\text{infiniment petit}.$$

Car la moyenne de α, α_1, ... α_{n-1} est infiniment petite, et $(\alpha+\alpha_1+....+\alpha_{n-1})dx = ndx \times$ la moyenne $= (\mathrm{A}-a)\times$ la moyenne.

On voit donc que si au lieu de n divisions, on en suppose nn' dans $\mathrm{A}-a$, il n'en résulte pour S qu'une variation infiniment petite.

Que si on suppose que le nombre des divisions devienne $n+k$, on nommera S' la valeur de la somme S qui répond à ce cas, S'' la valeur qui répond à $n(n+k)$ divisions. D'après ce qui précède, $n+k$ étant multiple de n, $\mathrm{S}''-\mathrm{S}$ est infiniment petit; de même $\mathrm{S}''-\mathrm{S}'$; donc il est de même de $\mathrm{S}''-\mathrm{S}-(\mathrm{S}''-\mathrm{S}')=\mathrm{S}'-\mathrm{S}$.

Donc enfin, si n augmente d'une manière quelconque, S ne variera que infiniment peu. Donc S ou $(\mathrm{A}-a)fx$ se compose d'une partie finie, plus une partie infiniment petite.

Ce qui a été dit pour un intervalle où fx varie dans le même sens et reste positif, s'applique à tout autre intervalle pareil et par suite à une série quelconque de valeurs de x où fx est continue.

52. La partie finie absolue qui se trouve dans S s'appelle l'*intégrale définie* de $fx.dx$, et se désigne comme on sait par

$$\int_a^{\mathrm{A}} fx.dx.$$

Cette intégrale dépend de a et de A; si l'on y remplace A

par x on aura une nouvelle fonction de x que je désigne par Fx; dès lors on écrit

$$(1) \qquad Fx = \int_a fx \, . \, dx$$

$$= [fa + fa_1 + ... + f(x - dx)] dx$$

Remplaçant x par $x + dx$, on a

$$F(x + dx) = [fa + fa_1 + ... f(x - dx) + fx] dx$$

d'où $\qquad F(x + dx) - Fx = fx \, . \, dx$

et, si Fx est continue, $dFx = fx \, . \, dx$.

Or Fx s'appelle l'intégrale indéfinie, et on voit que c'est *une fonction telle, que sa dérivée est égale à fx.* Ordinairement on écrit l'équation (1) sous la forme

$$Fx = \int fx \, . \, dx.$$

53. *Si deux fonctions de* x *ont la même différentielle, la différence de ces deux fonctions est indépendante de* x.

En effet, soient fx et $fx + \varphi x$ deux fonctions qui ont la même différentielle, on aura $\quad f'x = f'x + \varphi' x$

d'où $\varphi' x = 0$. Mais si $\varphi' x$ est nulle, l'intégrale définie $\int_a^A \varphi' x \, . \, dx$ est nulle; elle est donc indépendante de A; donc l'intégrale indéfinie φx est indépendante de x.

Autrement : On a $\dfrac{\varphi(x+i) - \varphi x}{i} = \varphi' x +$ infiniment petit (1)

$= \text{infiniment petit.}$

Mais si φx n'est pas indépendant de x, ce résultat est impossible (n° 38) donc, etc.

L'équation (1) exige que φx soit continue, ce qui a toujours lieu si φx n'est pas imaginaire; si on le supposait imaginaire, de la forme $\varphi_1 x + \varphi_2 x \, . \, \sqrt{-1}$, on trouverait que $\varphi_1 x$ et $\varphi_2 x$ sont indépendants de x.

Il suit de là que quelle que soit la limite A, $\int_a^A fx dx$ sera toujours la même fonction de A, et que $\int fxdx$ n'a qu'une seule et même détermination.

54. *L'intégrale définie* $\int_\alpha^\beta \mathrm{fxdx}$ *est la différence* $F\beta - F\alpha$ *des valeurs que prend l'intégrale indéfinie, aux deux limites* β, α.

En effet, l'intégrale indéfinie représente la limite de la somme

$$dx\big(fa+fa_1+ \ldots\ldots +f(x-dx)\big),\ a \text{ étant arbitraire.}$$

Donc $F\alpha = dx\big(fa+fa_1+\ldots\ldots+f(\alpha-dx)\big) +$ infiniment petit.

$$F\beta = dx\big(fa+fa_1+\ldots\ldots+f(\beta-dx)\big) + \text{infiniment petit.}$$

par suite $F\beta - F\alpha = dx[f(\alpha-dx)+f\alpha+\ldots\ldots+f(\beta-dx)] +$ inf. p.

$$= dx[f\alpha + \ldots\ldots + f(\beta-dx)] + \text{infiniment petit.}$$

$$= \int_\alpha^\beta fxdx + \text{infiniment petit.}$$

et (n° 8) $\qquad F\beta - F\alpha = \int_\alpha^\beta fx\,dx.$

55. Cette relation donne, par permutation

$$F\alpha - F\beta = \int_\beta^\alpha fx.dx.$$

Donc *si l'on renverse les limites, l'intégrale définie change de signe.*

56. La différence $F\beta - F\alpha$ ne dépendant plus de l'indéterminée a, il s'ensuit que $F\beta$ et $F\alpha$ renferment cette indéterminée dans des termes indépendants, respectivement de β et de α; donc Fx ne la contient que dans des termes indépendants de x; par suite Fx se présente en général comme une fonction de x, augmentée d'une partie indépendante de x, qu'on appelle la *constante*. C'est ainsi que si $fx = \cos x$, on aura $Fx = \sin x +$ constante, et en effet $\dfrac{dFx}{dx} = \cos x = fx$.

57. fx *étant toujours continu de* $x=a$ *à* $x=A$, *et* $dx = \dfrac{A-a}{n}$, *la somme des valeurs*

$$fa.dx^m + f(a+dx).dx^m + \ldots\ldots + f(a+(n-1)dx).dx^m$$

est infiniment petite de l'ordre $m-1$.

En effet, cette somme est égale à

$$dx^{m-1}\left[\int_a^A fx.dx + \text{infiniment petit}\right]$$

la quantité entre parenthèses est finie, donc, etc.

58. Dans ce qui a été dit depuis le n° 51, on peut supposer que dx, au lieu d'être constant, varie suivant une loi donnée; ainsi on peut supposer que x est fonction d'une variable v, dont la différentielle est constante; on pose à cet effet $x = \Psi v$, d'où $dx = \Psi' v.dv$, et $fx.dx$ prend la forme $fx.\Psi' v.dv$, ou $\chi v.dv$. Dès lors S est la somme des valeurs que prend $\chi v.dv$ pour des valeurs de v qui croissent suivant une progression arithmétique dont la raison est dv.

§ 2. *Applications géométriques.*

59. *Rectifications.* Pour calculer la longueur d'un arc de courbe, partagez le en parties infiniment petites du premier ordre; soit $fx.dx + \alpha$ l'expression générale de l'un de ces éléments, α étant d'un ordre supérieur au premier; la longueur de l'arc sera la somme des valeurs de $fx.dx + \alpha$; or, α ne donnera dans cette somme qu'un infiniment petit (n° 35); la somme des valeurs de $fx.dx$ sera, aux quantités finies près, égale à $\int fx\,dx$ prises entre certaines limites; donc l'arc est égal à $\int fx\,dx$, entre ces mêmes limites.

60. *Quadratures sur le plan.* Même raisonnement que pour les rectifications.

61. *Quadratures dans l'espace.* La question est ici de calculer sur une surface donnée $z = F(x, y)$, l'aire terminée par une courbe dont la projection sur le plan xy est donnée. Soit (fig. 1) ADBD' cette projection, $\varphi(x, y) = 0$ son équation. Soient AA', BB' deux parallèles aux x, comprenant entre elles cette courbe; on menera entre celles-là une série de parallèles aux x, parallèles équidistantes et infiniment rapprochées. Les aires comprises entre ADBD' et ces parallèles sont les projections d'autant de zônes de l'aire cherchée. Considérant l'une quelconque de ces zônes, et sa projection CC'D'D, on divisera celle-

ci par des parallèles aux y en éléments s_1, s_2, s_3....; ces nouvelles parallèles sont équidistantes et infiniment rapprochées; les aires s_1, s_2, etc., sont les projections de portions infiniment petites du second ordre prises sur la surface donnée, et que je nomme S_1, S_2, etc. Pour avoir la somme $S_1+S_2+....$, on sait qu'au second ordre près l'un quelconque des éléments S_1, S_2.... est représenté par $dx\,dy\sqrt{1+\frac{dz^2}{dx^2}+\frac{dz^2}{dy^2}}$ expression que, au moyen de l'équation de la surface, on met sous la forme $f(x, y).dxdy$, où dx est la valeur commune des divisions de CC'; dy celle de CE, etc. Soient x_1, x_n les abcisses de C et C', y l'ordonnée CF; α_1, ... α_n des infiniment petits du troisième ordre, on a

$$S_1+S_2+....=dx[f(x_1, y)+f(x_2, y)+....+f(x_{n-1}, y)]dy$$
$$+\alpha_1+\alpha_2+....+\alpha_{n-1}$$

La première ligne est, au premier ordre près, la valeur de l'intégrale définie $dy\int_{x_1}^{x_n} f(x, y)dx$, où y est constant; la seconde est un infiniment petit du second ordre (n° 33). La zône projetée en CDD'C', est d'ailleurs égale à $S_1+S_2+....$ moins les deux infiniment petits du second ordre projetés en DCE, D'C'E'; donc nommant Z cette zône, on a, au premier ordre près

$$Z=dy\int_{x_1}^{x_n} f(x, y)\,dx.$$

Cette intégrale sera une fonction de x_1, x_n et y. Or, d'une zône à l'autre x_1, x_n varient, c'est-à-dire que x_1, x_n sont des fonctions de y; en effet, l'équation $\varphi(x' y)=0$ doit donner pour $y=$CF, les deux valeurs $x=$0F'$=x_n$ et $x=$0F$=x_1$. Par conséquent l'équation $\varphi(x, y)=0$ donnera deux valeurs de x en fonction de y; l'une $x_1=f_1y$, l'autre $x_n=f_ny$; on remplacera x_1, x_n par ces valeurs dans l'expression de Z, qui sera alors de la forme

$Z=F_1y.dy+$un infinim. petit du second ordre que je nomme β.

Nommons maintenant y_1, y_2, etc., les valeurs de y qui répondent aux zônes successives dont la première est projetée en CDD'C'; nommons Z_1, Z_2 .... Z_m ces zônes; on aura

$$Z_1 + Z_2 + \dots Z_m = dy(F_1 y_1 + F_1 y_2 + \dots + F_1 y_{m-1}) + \beta_1 + \beta_2 + \dots + \beta_{m-1}.$$

La première partie du second même est, aux quantités finies près $\int_{y_1}^{y_m} Fy.dy$; la seconde partie est infiniment petite; y_1, y_m sont les ordonnées des points C et I; à leur place on peut prendre celles de A et B, que je nomme y', y'' .... Cela ne change qu'infiniment peu la valeur de l'intégrale définie; enfin le premier membre ne comprend pas les portions de zônes projetées en ACC', BII', on peut les y ajouter, et l'on a, entre quantités finies absolues, l'équation rigoureuse

$$\text{Aire cherchée} = \int_{y'}^{y''} Fy.dy.$$

62. Pour les *cubatures* la marche du raisonnement est à peu près la même.

Il y a des cas où l'on est conduit à décomposer des volumes en parties infiniment petites du troisième ordre; dans ce cas on peut négliger les quantités des ordres supérieurs; et en général si l'on a à intégrer n fois de suite par rapport à des variables x_1, x_2, ... x_n, on peut négliger tous les termes des ordres supérieurs à l'ordre n. Toutes les fois que l'on arrivera à une équation dont tous les termes sont *absolument* du même ordre, cette équation sera parfaitement rigoureuse.

63. *Remarque générale.* Dans l'infiniment petit la droite se confond avec la courbe, quant à la grandeur et à la position, le plan avec la surface courbe. Car les différences tombent toujours sur des infiniment petits négligeables d'après le n° 33. Ainsi le calcul infinitésimal ramène la considération des lignes et des surfaces courbes à celle des polygones et des polyèdres, et c'est là une des principales causes de la réussite de ce calcul dans les applications géométriques.

CHAPITRE III.

CALCUL DES VARIATIONS.

Fonctions d'une variable indépendante.

64. Dans le calcul différentiel on a fait varier les valeurs des variables indépendantes afin de comparer entre elles les valeurs successives que prend la fonction; ici nous allons faire varier la forme même de la fonction, afin de comparer ses valeurs à celles de la fonction variée.

65. Soit $y=fx$ une fonction de x; on supposera qu'à cette fonction se trouvent joints des termes arbitraires, comme $a\varphi x+a_{1}\varphi_{1}x+$ etc., a, a_{1}, etc., étant des constantes par rapport à x; puis on imaginera que x ayant reçu une première valeur dans (1) $y=fx+a\varphi x+a_{1}\varphi x+....$, et a, a_{1} ...., ayant reçu des valeurs nulles, ces quantités reçoivent chacune une valeur infiniment peu différente de la première, valeurs variées que nous représenterons par

$$x+\delta x,\ a+\delta a,\ a_{1}+\delta a_{1}\ ....,\ \text{etc.},\ y \text{ deviendra}$$

$$y_{1}=f(x+\delta x)+(a+\delta a)\varphi(x+\delta x)+(a_{1}+\delta a_{1})\varphi(x+\delta x)+....$$

supposant δx, δa, δa_{1} ...., tous du même ordre, on désignera par δy, la somme des termes infiniment petits de ce même ordre dans $y_{1}-y$, ce qui donne

$$(2)\qquad \delta y=\frac{df}{dx}.\delta x+\varphi x.\delta a+\varphi_{1}x.\delta a_{1}+....$$

vu que $a=a_{1}=....=0$.

δy est appelée *la variation* de y.

66. La relation

$$dy=f'x.\delta x+\varphi x.\delta a+\varphi_{1}x.\delta a_{1}+....$$

donne $d\delta y=f''x.dx.\delta x+f'x.d\delta x+\varphi' x.dx\delta a+\varphi_{1}'x.dx\delta a_{1}+...$

Car nous supposons que δa, δa_{1} ..., ne change pas lorsque x se change en $x+dx$ ou $x+i$.

D'un autre côté

$$dy = f'x \,.\, dx + a\varphi'x \,.\, dx + a_1\varphi_1'x \,.\, dx + \ldots.$$

Remplaçant x par $x+\delta x$, a par $a+\delta a$, etc., et prenant les termes du second ordre, on aura la variation de dy, c'est-à-dire (en posant ensuite $a=a_1=\ldots.0$)

$$\delta dy = f''x \,.\, dx\delta x + f'x\delta \,.\, dx + $$
$$+ \varphi'x \,.\, dx\delta a + \varphi_1'x \,.\, dx\delta a_1 + \ldots.$$

Ici on remarquera que le terme $a\varphi'x \,.\, dx$ donne proprement

$$a\varphi''x \,.\, \delta x \,.\, dx + a\varphi'x \,.\, d\delta x + \varphi'x dx \delta a$$

Mais ceci se réduit à $\varphi'x \,.\, \delta x \,.\, \delta a$ puisque $a=0$.

Or, je dis que $d\delta x = \delta \,.\, dx$.

En effet, δx est une fonction arbitraire de x, que je représente par $\Psi x \ldots. \delta x = \Psi x$, de sorte que $d\delta x = \Psi'x \,.\, dx$. D'un autre côté $\delta \,.\, dx$ est la variation que subit dx quand x devient $x+\Psi x$, c'est donc $d(x+\Psi x) - dx = \Psi'x \,.\, dx$. Par suite $d\delta x = \delta dx$. Comparant les valeurs de $d\delta y$ et δdy, on les trouvera égales entre elles. Donc pour toute fonction de x, on a $d\delta y = \delta \,.\, dy$. On peut donc intervertir d et δ.

D'où par différentiation $d^2\delta y = d \,.\, \delta(dy) = \delta d(dy) = \delta d^2 y$ et en général $\qquad d^n\delta y = \delta d^n y$.

67. Actuellement nous allons chercher les variations de $\frac{dy}{dx}$, $\frac{d^2y}{dx^2}$, etc.

De l'équation (1) n° 65 on tire

$$\frac{dy}{dx} = f'x + a\varphi'x + a_1\varphi_1'x + \ldots.$$

$$\frac{d^2y}{dx^2} = f''x + a\varphi''x + a_1\varphi_1''x + \ldots.$$

etc.

$$\frac{d^ny}{dx^n} = f^nx + a\varphi^nx + a_1\varphi_1^nx + \ldots.$$

Or, en général, prendre la variation d'une fonction, c'est y remplacer x, a, $a_1 \ldots.$ par $x+\delta x$, $a+\delta a$, $a_1+\delta a_1$ ..., prendre les termes affectés de la première puissance de δx, δa, $\delta a_1 \ldots$, puis faire $a = a_1 = \text{etc.} = 0$; mais cela revient évidemment à prendre la différentielle totale, relativement à x, a, $a_1 \ldots$, pour y remplacer par δx, δa, $\delta a_1 \ldots$ les multiplicateurs dx, da, $da_1 \ldots$ des dérivées partielles, et ensuite faire $a = a_1 = \text{etc.} = 0$.

Donc $$\delta \cdot \frac{dy}{dx} = f''x \cdot \delta x + \varphi' x \cdot \delta a + \varphi'_1 x \cdot \delta a_1 + \ldots$$

$$\delta \cdot \frac{d^2y}{dx^2} = f'''x \cdot \delta x + \varphi'' x \cdot \delta a + \varphi_1'' x \cdot \delta a_1 + \ldots$$

$$\vdots$$

$$\delta \cdot \frac{d^ny}{dx^n} = f^{n+1}x \cdot \delta x + \varphi^n x \cdot \delta a + \varphi_1^n x \delta a_1 + \ldots$$

Ou en posant $\varphi x \cdot \delta a + \varphi_1 x \delta a_1 + \ldots = \omega$,

$$\delta y = \frac{dy}{dx} \delta x + \omega$$

$$\delta \cdot \frac{dy}{dx} = \frac{d^2y}{dx^2} \cdot \delta x + \frac{d\omega}{dx}$$

$$\vdots$$

$$\delta \cdot \frac{d^ny}{dx^n} = \frac{d^{n+1}y}{dx^{n+1}} \delta x + \frac{d^n\omega}{dx^n}.$$

68. Soit à chercher la variation d'une fonction quelconque de x, y, $\frac{dy}{dx}$, $\frac{d^2y}{dx^2}$, ... $\frac{d^ny}{dx^n}$. Posons pour abréger $\frac{dy}{dx} = p_1$, etc., $\frac{d^ny}{dx^n} = p_n$, et soit la fonction proposée représentée par $F(x, y, p_1, p_2 \ldots p_n)$. Pour en obtenir la variation, il faut remplacer

$$x,\ y,\ p_1,\ p_2, \ldots p_n$$

par $$x + \delta x,\ y + \delta y,\ p_1 + \delta p_1, \ldots p_n + \delta p_n;$$

la somme des termes affectés des variations dx, dy, δp_1, ... δp_n, etc., sera évidemment

$$\frac{dF}{dx}.\delta x+\frac{dF}{dy}\delta y+\frac{dF}{dp_1}\delta p_1+....+\frac{dF}{dp_n}\delta p_n.$$

Je la nomme δF; au moyen des relations du n° 67, cette expression devient

$$\delta F=\left[\frac{dF}{dx}+\frac{dF}{dy}.p_1+\frac{dF}{dp_1}.p_2+....+\frac{dF}{dp_n}p_{n+1}\right]\delta x$$

$$+\omega\frac{dF}{dy}+\frac{d\omega}{dx}\frac{dF}{dp_1}+\frac{d^2\omega}{dx^2}.\frac{dF}{dp_2}+....+\frac{d^n\omega}{dx^n}.\frac{dF}{dp_n}.$$

Comme $dF=\frac{dF}{dx}dx+\frac{dF}{dy}dy+....+\frac{dF}{dp_n}.dp_n$

$$=dx\left[\frac{dF}{dx}+p_1\frac{dF}{dx}+....+p_{n+1}.\frac{dF}{dp_n}\right]$$

il vient $\delta F=\frac{1}{dx}.dF.\delta x+\omega\frac{dF}{dy}+....+\frac{d^n\omega}{dx^n}\frac{dF}{dp_n}.$

Passons aux applications que nous présenterons sous forme géométrique.

69. *Deux points* A, B (fig. 2) *étant donnés sur un plan, quelle est parmi toutes les courbes qui y passent, celle pour laquelle une intégrale définie* $\int_{x'}^{x''}F\left(x,y,\frac{dy}{dx},....\frac{d^ny}{dx^n}\right)dx$ *prend une valeur maximum ou minimum*, x', x'', étant les abscisses des points A, B, et toutes les courbes que l'on compare entre elles, ayant les valeurs de $\frac{dy}{dx}$, ... $\frac{dy^{n-1}}{dx^{n-1}}$, communes d'un côté en A, de l'autre en B.

Soit ACB la courbe cherchée, $y=fx$ son équation. C'est la nature de fx qui est l'inconnue de la question. Supposons qu'il s'agisse d'un maximum. Puisque l'intégrale donnée doit être, pour la courbe ACB, plus grande que pour toute autre, quelque rapprochée qu'elle soit de ACB, menons une seconde courbe ADB dont chaque ordonnée DE diffère infiniment peu de l'ordonnée correspondante CE de la courbe

ACB. Il faudra que pour la courbe ADB l'intégrale $\int_{x'}^{x''} F \cdot dx$ soit moindre que pour ACB. Or, pour déduire ADB de ACB, il suffit d'ajouter à chaque ordonnée de ACB un infiniment petit CD, en laissant indéterminée la loi que suivent ces infiniment petits d'un point à l'autre. La valeur de δy remplit ces conditions; seulement ici on pourra supposer $\delta x = 0$, parce que pour les points C et D l'abscisse est la même. Ainsi on prendra pour équation de ADB

$$y_1 = fx + \delta a \cdot \varphi x + \delta a_1 \cdot \varphi_1 x + \dots$$

ou $$y_1 = y + \delta y = y + \omega$$

d'où $$\frac{dy_1}{dx} = p_1 + \delta p_1 = p_1 + \frac{d\omega}{dx}$$

.

.

$$\frac{d^n y_1}{dx^n} = p_n + \frac{d^n \omega}{dx^n}$$

Par conséquent pour la courbe ADB, l'intégrale se change en

$$\int_{x'}^{x''} F(x, y + \delta y, p_1 + \delta p_1 \dots, p_n + \delta p_n) \delta x$$

$$= \int_{x'}^{x''} (F + \delta F) dx, \text{ au premier ordre près,}$$

et pour que $\int_{x'}^{x''} F dx$ soit maximum, il faut que

$$\int_{x'}^{x''} \delta F \cdot dx = 0.$$

Or, d'après le n° précédent

$$(1) \int_{x'}^{x''} \delta F \cdot dx = \int_{x'}^{x''} \left[\frac{dF}{dy} \omega \, dx + \frac{dF}{dp_1} d\omega + \dots \frac{d^n F}{dp_n} \frac{d^n \omega}{dx^{n-1}} \right]$$

Pour que cette quantité soit nulle, il suffit que le facteur entre parenthèses le soit; mais ω, $\frac{d\omega}{dx}$, ... $\frac{d^n\omega}{dx^n}$ sont arbitraires et doivent rester tels, vu que $\omega = \varphi x \cdot \delta a + \varphi_1 x \cdot \delta a_1 + \dots +$ et que les infiniment petits δa, δa_1, etc., en tel nombre qu'on veut, sont arbitraires. Il résulterait donc de là que $\frac{dF}{dy}$, $\frac{dF}{dp_1}$ ..., $\frac{dF}{dp_n}$ seraient nuls. Mais ces conditions, suffisantes il est vrai, ne sont nullement nécessaires. En effet, l'intégration par parties donne

$$(2) \int \frac{dF}{dp_1} d\omega = \omega \frac{dF}{dp_1} - \int \omega d \cdot \frac{dF}{dp_1}$$

Or, aux limites x', x'' de l'intégrale, ω ou δy est nul, vu que toutes nos courbes ont les mêmes ordonnées en ces points; donc

$$\int_{x'}^{x'} \frac{dF}{dp_1} d\omega = - \int_{x'}^{x''} \omega \frac{1}{dx} \cdot d \cdot \frac{dF}{dp_1} dx.$$

De même (3) $\displaystyle\int \frac{dF}{dp_2} \cdot \frac{d^2\omega}{dx} = \frac{dF}{dp_2} \frac{d\omega}{dx} - \int d \cdot \frac{dF}{dp_2} \frac{d\omega}{dx}$

$$= \frac{dF}{dp_2} \cdot \frac{d\omega}{dx} - \frac{1}{dx} \cdot d \cdot \frac{dF}{dp_2} \omega + \int \frac{1}{dx^2} \cdot d^2 \cdot \frac{dF}{dp_2} \cdot \omega \, dx$$

d'où $\displaystyle\int_{x'}^{x''} \frac{dF}{dp_2} \frac{d^2\omega}{dx} = \int_{x'}^{x''} \frac{1}{dx^2} d^2 \cdot \frac{dF}{dp_2} \omega \, dx$

etc.

On trouvera enfin $\displaystyle\int_{x'}^{x'} \frac{dF}{dp_n} \frac{d^n\omega}{dx^{n-1}} = (-1)^n \int_{x}^{x'} \frac{1}{dx^n} d \cdot^n \frac{dF}{dp_n} \omega dx$

Donc $$\int_{x'}^{x''} \delta F . dx =$$

$$\int_{x'}^{x''} \left[\frac{dF}{dy} - \frac{1}{dx} d . \frac{dF}{dp_1} + \frac{1}{dx^2} d.^2 \frac{dF}{dp_2} - \ldots + (-1)^n \frac{1}{dx^n} d.^n \frac{dF}{dp_n} \right] \omega dx$$

et pour que cette intégrale définie soit nulle, il faut et il suffit que chacun de ses éléments le soit. En effet, si cela n'était pas, ω étant arbitraire, on pourrait à chaque point de la courbe supposer ωdx de même signe que le facteur $\frac{dF}{dy}$ — etc.; par suite tous les éléments de l'intégrale seraient positifs, et l'intégrale ne serait pas nulle. Donc à chaque point de la courbe cherchée on a

$$\frac{dF}{dy} - \frac{1}{dx} . d . \frac{dF}{dp_1} + \ldots + (-1)^n \frac{1}{dx^n} . d^n . \frac{dF}{dp_n} = 0.$$

Cette équation est l'équation différentielle de la courbe cherchée; elle est de l'ordre $2n$; son intégrale renferme donc $2n$ constantes, que l'on déterminera en faisant passer la courbe par les points A, B, puis exprimant qu'en ces points les valeurs de $\frac{dy}{dx}, \ldots \frac{d^{n-1}y}{dx^{n-1}}$ sont égales à celles qui ont été données.

70. Les points limites de la courbe cherchée ne sont pas toujours donnés, non plus que les valeurs de $\frac{dy}{dx}, \frac{d^2y}{dx^2}, \ldots$ à ces points. Mais quelles que soient les conditions auxquelles les points doivent satisfaire, on peut être certain que l'équation de la courbe est la même. Car si ces points ne sont pas donnés, ils sont assujettis à certaines conditions, comme de se trouver sur des courbes données AA', BB'. Or les courbes telles que A, D, B, qui passent en A et B, sont dans le même cas; celles qui ont en A et B les mêmes $\frac{dy}{dx}, \ldots \frac{d^{n-1}y}{dx^{n-1}}$, que ACB, satisfont donc, en ces points limites, aux mêmes conditions que ACB; par suite si ACB est la courbe cherchée, elle jouit aussi du maximum ou du minimum par rapport à toutes celles qui ont les mêmes limites et les mêmes valeurs de $\frac{dy}{dx}, \ldots \frac{d^{n-1}y}{dx^{n-1}}$ à ces limites. Donc s'il s'agit simplement de trouver l'équation différentielle de la courbe, on peut supposer les limites données, ce qui reproduit l'équation du n° 68. Mais dans ce cas le calcul fournit des conditions relatives aux limites. Comme il s'agit de comparer la courbe ACB à des courbes telles que A'D'B' qui peuvent avoir des ordonnées auxquelles il n'en correspond pas dans ACB, et réciproquement, il ne suffit plus de faire varier y, $\frac{dy}{dx}$, etc.; il faut aussi faire varier x. Il est vrai que par cela même x' et x'' varieront aussi, et qu'il faut examiner ce qui en résulte.

Reprenons $\int_{x}^{x''} \mathrm{F}(x, y, p_1, \ldots p_n)dx$

faisons y varier x', x'', x, $y \ldots p_n$; il vient

$\int_{x'+\delta x'}^{x''+\delta x''} \mathrm{F}(x+\delta x, y+\delta y, \ldots p_n+\delta p_n)d(x+\delta x)$, en supposant que δx soit fonction de x.

La partie qui est du second ordre sous le signe $\int$ est

$$\mathrm{F}\,.\,d\delta x + dx\,.\left\{\frac{d\mathrm{F}}{dx}\,\delta x + \frac{d\mathrm{F}}{dy}\,\delta y + \ldots + \frac{d\mathrm{F}}{dp_n}\,.\,\delta p_n\right\};$$

et en vertu des formules du n° 67.

$$= \mathrm{F}\,.\,d\delta x + \left\{\frac{d\mathrm{F}}{dx}\,dx + \frac{d\mathrm{F}}{dy}\,p_1 + \frac{d\mathrm{F}}{dp_1}\,p_2 + \ldots + \frac{d\mathrm{F}}{dp_n}\,p_{n+1}\right\}\delta x$$

$$+ \omega dx.\frac{d\mathrm{F}}{dy} + d\omega\,.\,\frac{d\mathrm{F}}{dp_1} + \frac{d^2\omega}{dx}\,.\,\frac{d\mathrm{F}}{dp_2} + \ldots + \frac{d^n\omega}{dx^{n-1}}\,.\,\frac{d\mathrm{F}}{dp_n}$$

Le facteur de δx n'est autre chose que $d\mathrm{F}$; ainsi la première ligne se réduit à $\mathrm{F}\,.\,d\delta x + d\mathrm{F}\,.\,\delta x = d.(\mathrm{F}\,.\,\delta x)$; la seconde ligne a été traitée au n° 68. La variation de notre intégrale, prise indéfiniment, se réduit donc à

$$\int d(\mathrm{F}\delta x)+\int\left[\frac{d\mathrm{F}}{dy}\omega dx+\frac{d\mathrm{F}}{dp_1}d\omega+\ldots+\frac{d\mathrm{F}}{dp_n}\cdot\frac{d^n\omega}{dx^{n-1}}\right]$$

$$=\mathrm{F}\delta x+\left[\frac{d\mathrm{F}}{dp_1}-\frac{1}{dx}d\cdot\frac{d\mathrm{F}}{dp_2}+\frac{1}{dx^2}\cdot d^2\cdot\frac{d\mathrm{F}}{dp_3}-\ldots\right]\omega.$$

$$+\left[\frac{d\mathrm{F}}{dp_2}-\frac{1}{dx}d\cdot\frac{d\mathrm{F}}{dp_3}+\ldots\right]\frac{d\omega}{dx}$$

$$+\text{ etc.}$$

$$+\frac{d\mathrm{F}}{dp_n}\cdot\frac{d^{n-1}\omega}{dx^{n-1}}$$

$$+\int\left[\frac{d\mathrm{F}}{dy}-\frac{1}{dx}d\cdot\frac{d\mathrm{F}}{dp_1}+\ldots\right]\omega dx$$

Cette dernière intégrale doit être nulle entre les limites x' et x'', comme on l'a prouvé; reste à annuler la partie intégrée, mais entre les limites $x'+\delta x'$, $x''+\delta x''$; à ces limites on peut substituer x' et x''; il n'en résulte qu'une variation du second ordre. Il vient donc

$$\mathrm{F}(x', y'', p_1'\ldots)\delta x''-\mathrm{F}(x', y', p_1'\ldots)\delta x'+\text{etc.}=0.$$

Pour la manière de faire usage de cette équation, nous renverrons aux traités relatifs à la matière, et surtout à un mémoire d'Ampère, *Annales de Mathématiques*.

71. Dans les applications, il est souvent plus commode d'opérer de la manière suivante. On suppose la fonction donnée sous la forme $\psi(x, y, dx, dy, d^2y, d^3y, \ldots d^ny)$; la variation, d'après une remarque faite plus haut, est

$$\delta\psi=\frac{d\psi}{dx}\cdot\delta x+\frac{d\psi}{d(dx)}\delta dx+\frac{d\psi}{dy}dy+\frac{d\psi}{d(dy)}\cdot\delta dy+\frac{d\psi}{d(d^2y)}\delta d^2y$$
$$+\ldots+\frac{d\psi}{d(d^ny)}\delta\cdot d^ny$$

expression que nous écrirons ainsi

$$\mathrm{X}\delta x+\mathrm{X}_1 d\delta x+\mathrm{Y}\delta y+\mathrm{Y}_1 d\delta y+\mathrm{Y}_2 d^2\delta y+\ldots+\mathrm{Y}_n d^n\delta y.$$

Donc $\int \delta\psi = \int(X\delta x + \ldots\ldots + Y_n d^n\delta y)$.

L'intégration par parties donne

$$\int X_1 d\delta x = X_1\delta x - \int dX_1 . \delta x$$

$$\int Y_1 d\delta y = Y_1\delta y - \int dY_1\delta y$$

$$\int Y_2 d^2\delta y = Y_2 d\delta y - dY_2\delta y + \int d^2 Y_2\delta y$$

.

.

.

$$\int Y_n d^n\delta y = Y_n d^{n-1}\delta y - dY_n d^{n-2}\delta y + \ldots$$
$$+ (-1)^{n-1} . d^{n-1} Y_n\delta y + (-1)^n \int d^n Y_n\delta y.$$

Donc
$$\int \delta\psi = X_1\delta x + (Y_1 - dY_2 + d^2 Y_3 + \ldots + (-1)^{n-1} d^{n-1} Y_n)\delta y$$
$$+ (Y_2 - dY_3 + \ldots + (-1)^{n-2} d^{n-2} Y_n) d\delta y$$
$$+ \text{etc.}$$
$$+ Y_n d^{n-1} . \delta y$$
$$+ \int (X - dX_1)\delta x$$
$$+ \int (Y - dY_1 + d^2 Y_2 - \text{etc.} + (-1)^n d^n Y_n)\delta y.$$

On trouve ainsi deux équations indéfinies, en égalant à zéro, sous le signe $\int$, d'un côté les termes affectés de δx, de l'autre ceux qui le sont de δy ; ces équations sont

$$X - dX_1 = 0$$
$$Y - dY_1 + d^2 Y_2 - \text{etc.} = 0.$$

Ces deux équations qui rentrent l'une dans l'autre, puisque au n° 68 on n'en a qu'une (on peut d'ailleurs le prouver directement) peuvent être employées soit ensemble, soit séparément dans la recherche de l'équation intégrale.

FIN.

TABLE.

Nota. On est prié de faire abstraction de la figure 3.

www.ingramcontent.com/pod-product-compliance
Lightning Source LLC
LaVergne TN
LVHW050456160826
845677LV00003B/803